Dans la collection
Mes premiers docs

animaux de la banquise
animaux du bord de l'eau
animaux des champs
animaux du désert
animaux de la ferme
animaux de la forêt
animaux des jardins
animaux de la jungle
animaux de la mer (disponible aussi avec des figurines)
animaux de la montagne
animaux de la savane
les requins (disponible aussi avec des figurines)

l'aéroport
le chantier
le cirque
la conquête spatiale
la danse classique
les dinosaures (disponible aussi avec des figurines)
étoiles et planètes
la ferme
la forêt
fruits et légumes
l'hôpital
les instruments de musique
les marins pêcheurs
la mer
les moyens de transport
policiers et gendarmes
les pompiers
le poney-club
le port
la ruche
les volcans
le zoo

www.editionsmilan.com

Loi 49.956 du 16.07.1949
ISBN : 2.7459.1417.0

Dépôt légal : 2e trimestre 2006

Imprimé en Espagne par Egedsa

la conquête spatiale

Textes de Pascal Alquier
Illustrations de Robert Barborini

MILAN
jeunesse

Sommaire

8 Le rêve spatial

Depuis toujours, l'homme a les yeux tournés vers le ciel. Il est émerveillé mais aussi impressionné par la beauté des astres et des planètes qu'il voit briller au-dessus de lui. Selon lui, ils ont été créés par des dieux très puissants.

Pour mieux comprendre leurs dieux, les Mésopotamiens étudient les planètes qui les représentent. De cette curiosité est née l'astronomie, l'étude des astres.

Beaucoup d'Égyptiens cultivent leurs terres en tenant compte du rythme de la nature et de la position des astres. Pour suivre leurs changements, ils ont l'idée de créer un calendrier, vers 2770 avant Jésus-Christ.

Le savoir avance

En Inde, en Chine, en Europe, au Moyen-Orient... Partout, les savants mais aussi les poètes et les penseurs, s'interrogent sur l'Univers. Ils créent des instruments et des observatoires pour mieux comprendre. Le rêve commence...

La sphère armillaire servait à enseigner l'astronomie.

L'astrolabe permettait de déterminer la postition des étoiles.

Au début, 5 astres visibles à l'œil nu se déplacent différemment des autres : il s'agit de Mars, Vénus, Mercure, Jupiter et Saturne. Au fil du temps, les savants complètent la carte céleste qui représente ce qu'ils voient dans le ciel.

10 Les robots

Le voyage vers l'espace est dangereux. Aussi, avant que les hommes s'y rendent, ce sont les machines qui ouvrent la voie : des robots remplis d'équipements de mesure sont envoyés en orbite autour de la Terre et vers les planètes inconnues.

La première machine

En octobre 1957, c'est une boule brillante munie d'antennes qui fait le tour de la Terre pendant 21 jours. Les Russes ont lancé le premier représentant de l'espèce humaine dans l'espace. Son nom est *Spoutnik 1*.

Un animal dans l'espace

Comme souvent dans l'histoire de la science, des animaux sont sacrifiés. C'est la chienne russe Laïka qui a été le premier être vivant à atteindre l'espace à bord de *Spoutnik 2*. Elle a tourné en orbite autour de la Terre pendant quelques jours.

En route pour la Lune

Avant de rejoindre une planète inexplorée comme la Lune, l'homme envoie ses messagers : des robots appelés aussi « sondes » qui étudient le sol, l'atmosphère et l'environnement de ce nouveau monde.

Lunokhod 1 a été le premier robot à parcourir 10 km sur la Lune.

Sojourner est le premier visiteur terrestre à se déplacer sur Mars.

Destination Mars

Lorsque le premier homme se posera sur Mars, la planète rouge, il aura été précédé de nombreux robots. Comme ce fut le cas pour la Lune, on veut savoir si l'être humain peut venir sur ce monde inconnu, et mieux connaître ses caractéristiques. C'est la mission Mars Pathfinder et le robot Sojourner qui ont ouvert la voie en 1997.

L'homme sur la Lune

Le 21 juillet 1969, l'astronaute américain Neil Armstrong est le premier être humain à poser le pied sur la Lune. C'est un petit pas pour lui mais un grand pas pour l'humanité tout entière…

Mis à part Apollo 13, qui n'a pas atteint la Lune pour cause de problèmes techniques, 6 missions ont permis aux astronautes de toucher le sol lunaire.

Les astronautes rapportent des échantillons de roches sur Terre et effectuent de nombreuses mesures et recherches.

La Lune pourrait bientôt servir de base aux prochaines expéditions humaines en route vers d'autres planètes, comme Mars, par exemple.

Si Neil Armstrong et 11 autres hommes après lui ont marché sur la Lune, c'est grâce au travail accompli par les robots envoyés en éclaireurs avant eux. Grâce aussi aux nombreuses missions qui ont approché, puis contourné l'astre pour mieux l'étudier et le photographier.

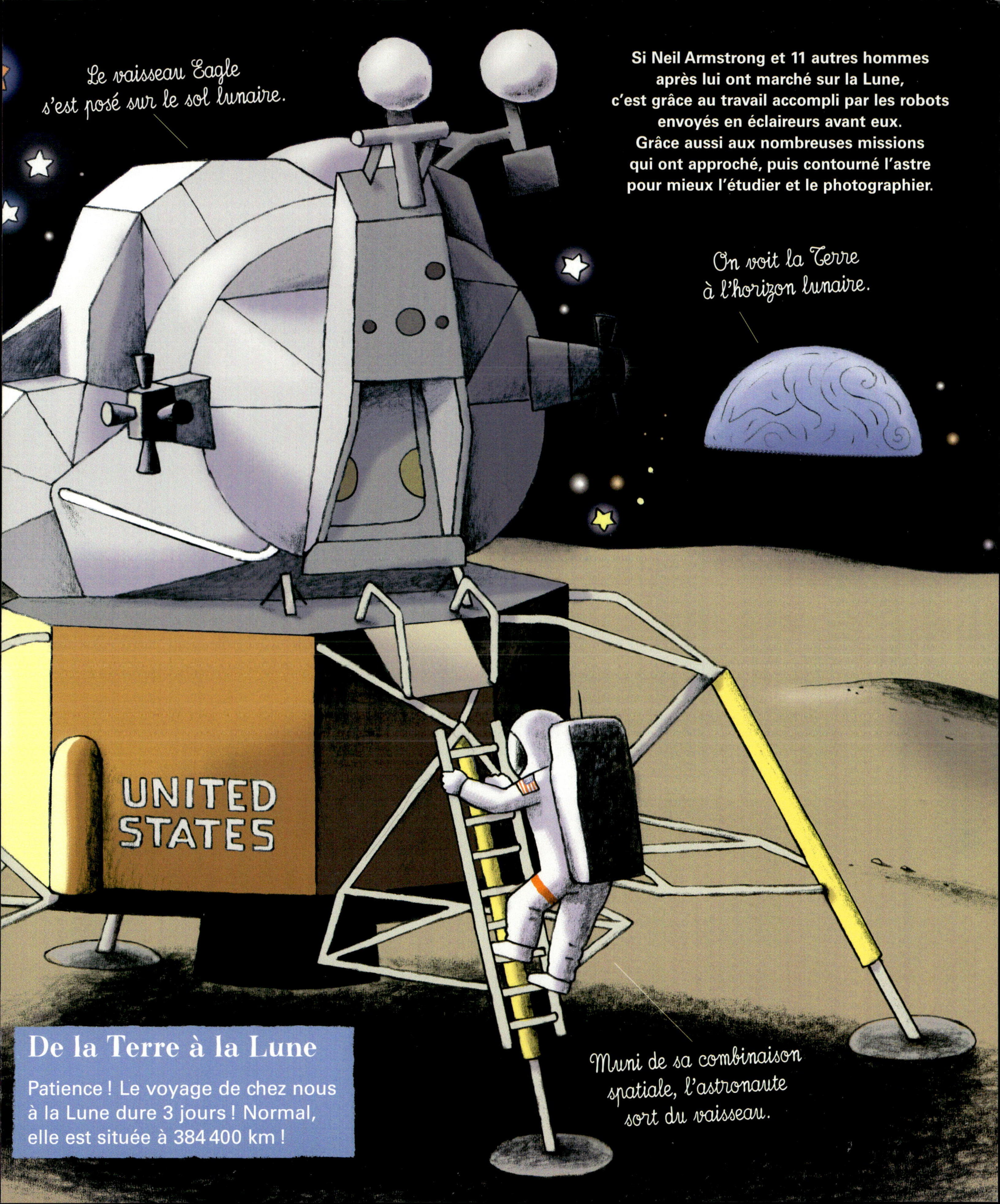

De la Terre à la Lune

Patience ! Le voyage de chez nous à la Lune dure 3 jours ! Normal, elle est située à 384 400 km !

14

La base de lancement

L'envoi d'une fusée dans l'espace nécessite des équipements spécialisés et coûteux. On les trouve sur des sites très surveillés que l'on appelle « bases de lancement », comme celle de Kourou, en Guyane. On en compte seulement une quinzaine sur Terre…

Pour qu'il n'y ait pas d'accident, on déplace ensuite la fusée sur un véhicule à chenilles qui roule à 5 kilomètres par heure : aussi vite qu'un escargot !

Les techniciens mettent plusieurs mois pour assembler une fusée.

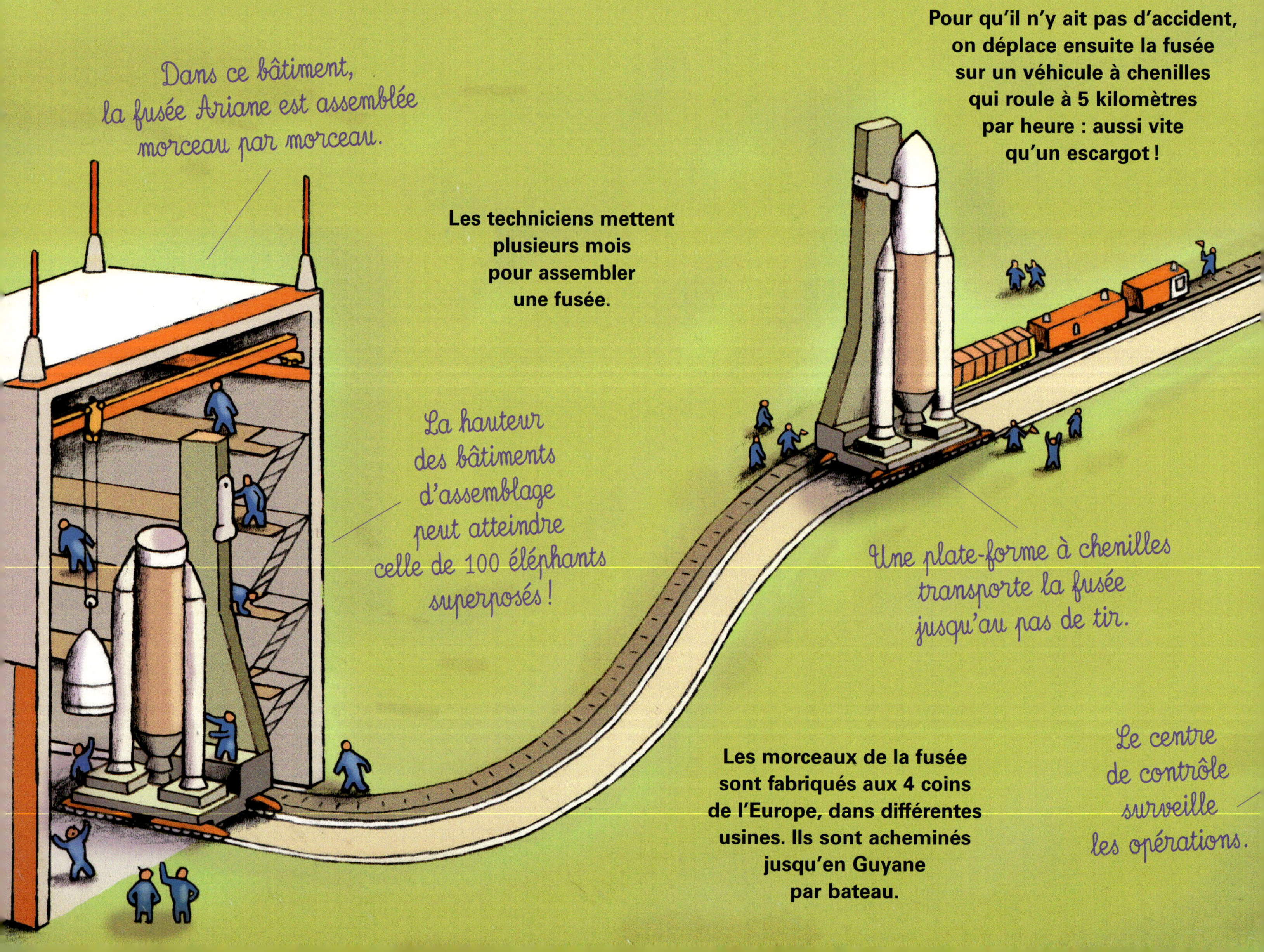

Les morceaux de la fusée sont fabriqués aux 4 coins de l'Europe, dans différentes usines. Ils sont acheminés jusqu'en Guyane par bateau.

Une fusée doit aller très vite pour rejoindre l'espace. Comme la Terre tourne déjà très rapidement, on profite de sa vitesse pour envoyer le vaisseau très haut.

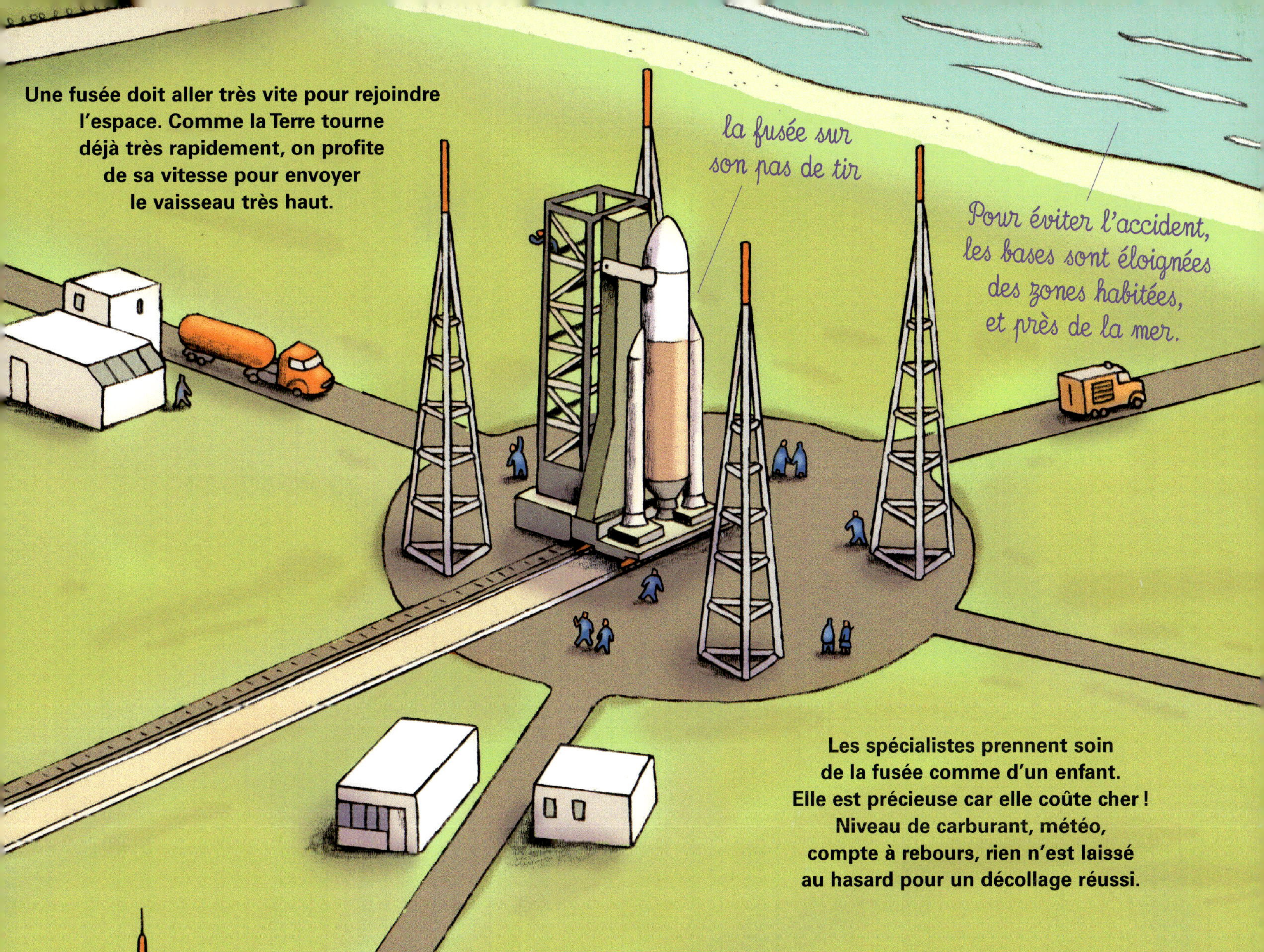

Les spécialistes prennent soin de la fusée comme d'un enfant. Elle est précieuse car elle coûte cher ! Niveau de carburant, météo, compte à rebours, rien n'est laissé au hasard pour un décollage réussi.

Contrôle à distance

Dans la salle de contrôle, les ingénieurs, les contrôleurs et le directeur des opérations veillent au bon déroulement de la mission. Des ordinateurs perfectionnés et des écrans de contrôle leur permettent de ne rien manquer du décollage et de la mission.

16 Être spationaute

On les appelle « astronautes » aux États-Unis, « cosmonautes » en Russie, « taïkonautes » en Chine et « spationautes » en Europe. Leur métier est pourtant le même : travailler dans l'espace. Mais ils ne sont pas nombreux à rejoindre les étoiles…

La sélection

Pour partir dans l'espace, il faut être en bonne santé physique et mentale. Les meilleurs seront choisis pour composer un équipage de fusée.

L'espace est un lieu dangereux et complexe. Il faut bien étudier pour être préparé à résoudre tous les problèmes.

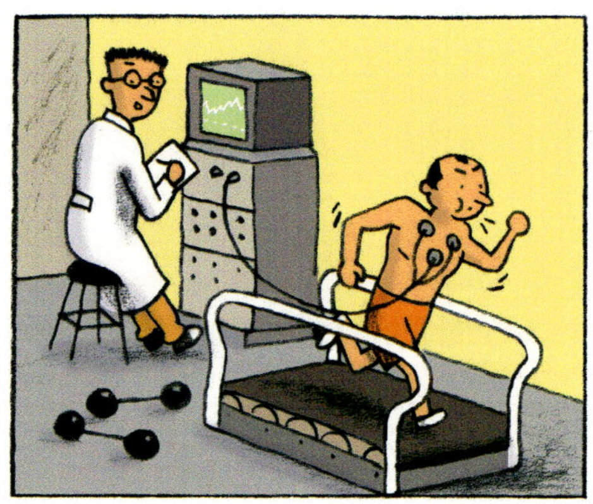

Vivre dans l'espace demande des efforts physiques. Des docteurs te font passer des examens médicaux pour vérifier que tu es en forme.

Bravo ! Tu fais partie des meilleurs, tu vas pouvoir débuter un entraînement très poussé.

L'apesanteur

Sur Terre, nous sommes maintenus au sol par l'effet de la gravité. Dans l'espace, ce phénomène disparaît. Tout flotte, on ne sent plus son poids : c'est l'apesanteur, appelée aussi « impesanteur ». Cela provoque de grands changements dans le corps humain. Les astronautes s'y préparent longuement.

Dur, dur de s'habiller !

Le scaphandre pèse 100 kg sur Terre mais, grâce à l'apesanteur, il paraît beaucoup plus léger là-haut. Il contient des bouteilles d'air qui permettent de respirer. Comme c'est un équipement complexe, il faut 3 heures à un astronaute pour le revêtir.

Glisse ton corps dans le pantalon.

Entre tes bras et ta tête dans le haut du scaphandre.

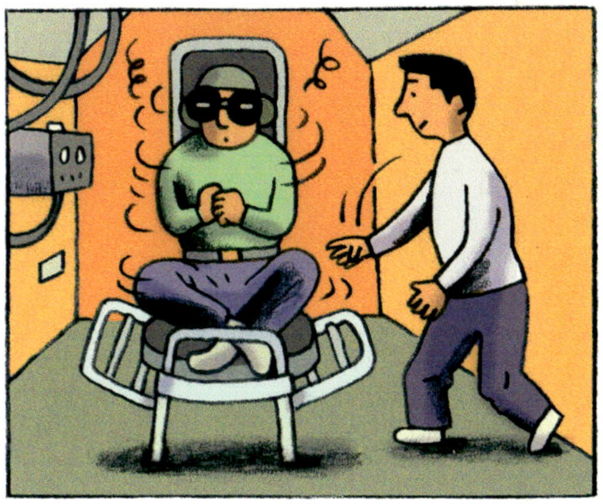

Des tests plus poussés vont t'habituer aux conditions difficiles de l'espace. Ici, on teste ton équilibre sur une chaise qui tourne à pleine vitesse. De quoi avoir le tournis !

Dans un avion en vol, on reproduit l'absence de pesanteur que tu subiras dans l'espace.

N'oublie pas ton bonnet et tes gants de protection.

Le casque à visière protège de la lumière et des rayons du Soleil.

2 ans de préparation

Pendant tout ce temps, tu vas répéter les gestes que tu devras faire dans l'espace et tu vas habituer ton corps à l'absence des effets de la pesanteur.

Dans l'espace, tu flotteras comme sous l'eau. Pour t'habituer à travailler dans les mêmes conditions, tu répètes les bons gestes en piscine, revêtu de ton lourd scaphandre.

Enfin l'espace !

Après toutes ces épreuves, tu as bien mérité de partir vers les étoiles. Le voyage est dangereux, et même si ta famille est inquiète pour toi, elle est heureuse que tu réalises ton rêve.

18 5, 4, 3, 2, 1...

Mise à feu… Décollage ! Dans un bruit assourdissant, la fusée s'élève enfin et emmène un satellite ou un équipage en orbite. Mais auparavant, une préparation précise permet de ne rien laisser au hasard.

J moins 21

3 semaines avant le décollage, on prépare la fusée, on vérifie que tout est normal dans les moteurs et à bord. On surveille aussi de près la météo. On s'assure enfin que les instruments qui vont suivre son voyage fonctionnent.

Les ingénieurs vérifient le bon fonctionnement de tous les équipements.

J moins 10

Avant le départ, on place les spationautes en isolement : la « quarantaine ». On évite ainsi toute contamination qui pourrait perturber la mission et leur travail dans la capsule.

Pas de microbes dans l'espace : l'équipage doit être en parfaite santé !

Les techniciens ont terminé leur travail.

H moins 6

6 heures avant le lancement, tout devient très sérieux. Les ingénieurs préparent le site et vérifient que tout fonctionne à bord. On évacue ensuite le personnel de la zone, pour éviter tout accident.

H moins 5

Tout va bien : la fusée peut recevoir le carburant et on remplit les réservoirs de l'étage principal.

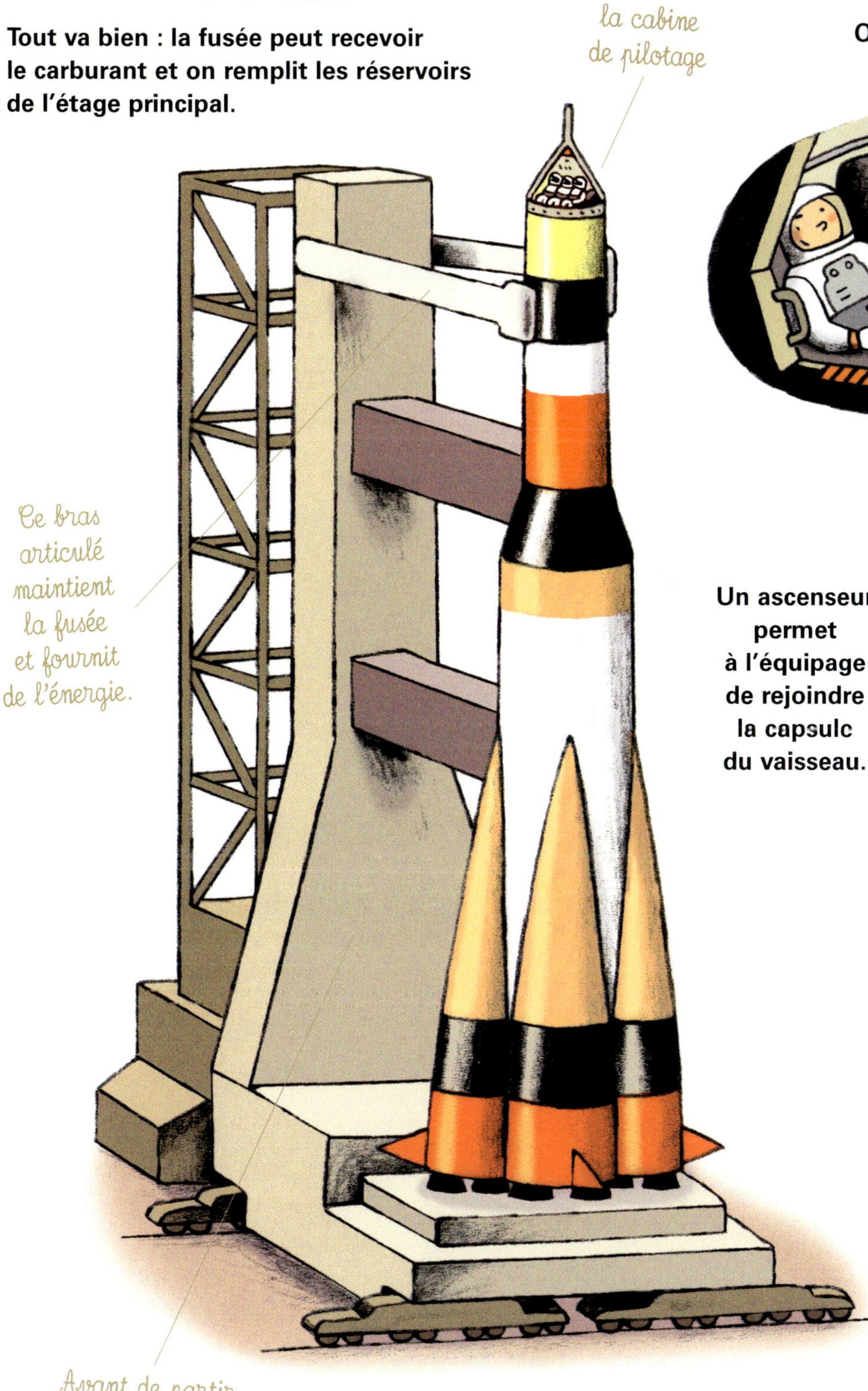

Un ascenseur permet à l'équipage de rejoindre la capsulc du vaisseau.

H moins 2

On installe l'équipage à bord de la fusée et on vérifie encore que tous les équipements fonctionnent. Tout doit être parfait : pas de surprise possible !

H moins 1

Si tout se déroule comme prévu une heure avant le lancement, le directeur des opérations autorise le compte à rebours final. Dans 3 minutes, la fusée va partir, les moteurs vont commencer à gronder. 5, 4, 3, 2, 1…

20 Les vaisseaux

Pour quitter la Terre, il faut des fusées énormes comme Zemiorka, Ariane, Longue Marche ou des navettes spatiales. Certaines emportent des hommes dans l'espace, d'autres des satellites, et parfois les 2.

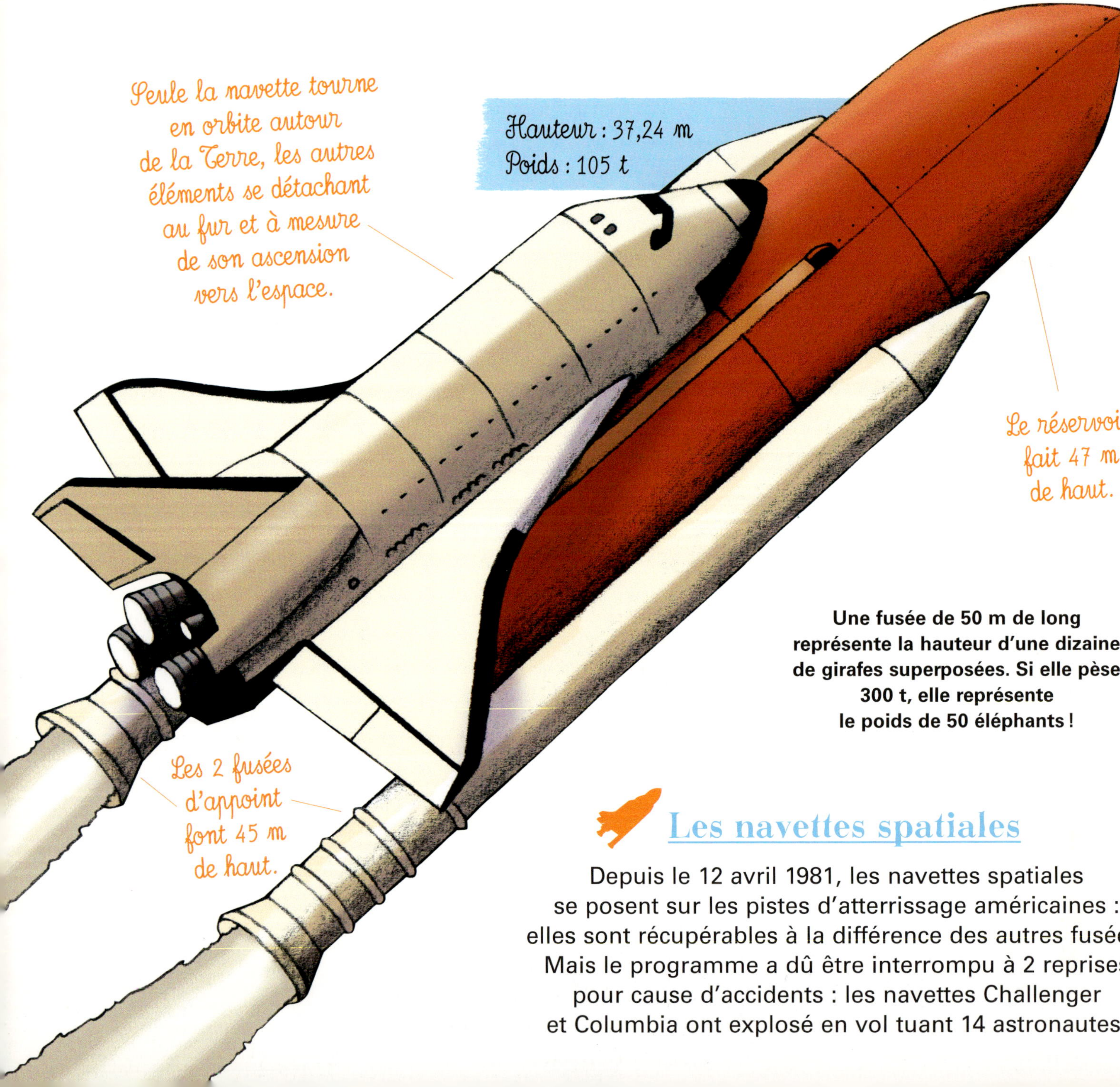

Une fusée de 50 m de long représente la hauteur d'une dizaine de girafes superposées. Si elle pèse 300 t, elle représente le poids de 50 éléphants !

Les navettes spatiales

Depuis le 12 avril 1981, les navettes spatiales se posent sur les pistes d'atterrissage américaines : elles sont récupérables à la différence des autres fusées. Mais le programme a dû être interrompu à 2 reprises pour cause d'accidents : les navettes Challenger et Columbia ont explosé en vol tuant 14 astronautes.

Zemiorka

Depuis la fin des années 50, cette fusée russe emmène machines, satellites et hommes en orbite autour de la Terre. Elle est très fiable et a été envoyée dans l'espace plus de 1 600 fois.

Hauteur : 50 m
Poids : 310 t

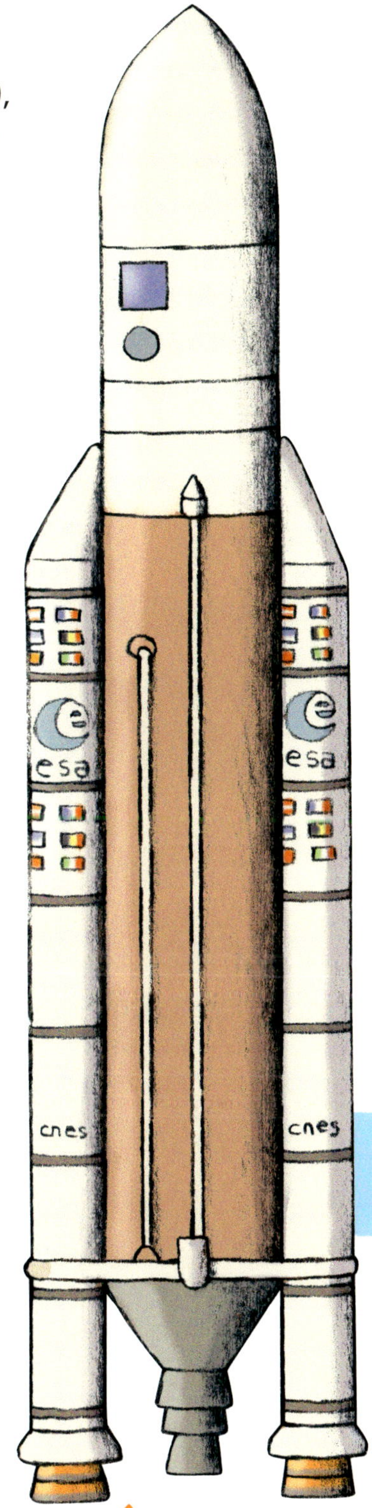

Hauteur : 50 m
Poids : 750 t

Ariane 5

Le premier lancement de la fusée européenne s'est déroulé le 24 décembre 1979 depuis la base française de Kourou, en Guyane. Ariane symbolise la coopération des pays européens autour d'un projet spatial important.

Longue Marche

Le taïkonaute Yang Liwei a été le premier Chinois à atteindre l'espace, le 15 octobre 2003, grâce à une fusée Longue Marche. La Chine fait beaucoup d'efforts pour rejoindre les autres pays dans leur conquête de l'espace.

Hauteur : 55 m
Poids : 570 t

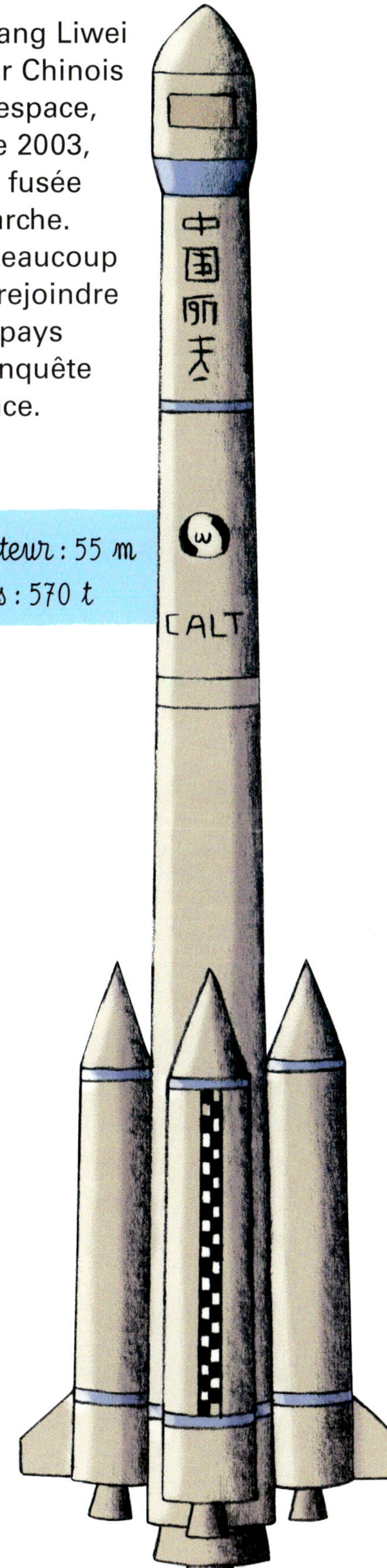

Départ !

Fusée ou navette ? On peut aller dans l'espace grâce aux 2 systèmes. Mais seule la navette spatiale est réutilisable. La fusée, elle, se décompose au fur et à mesure de son ascension.

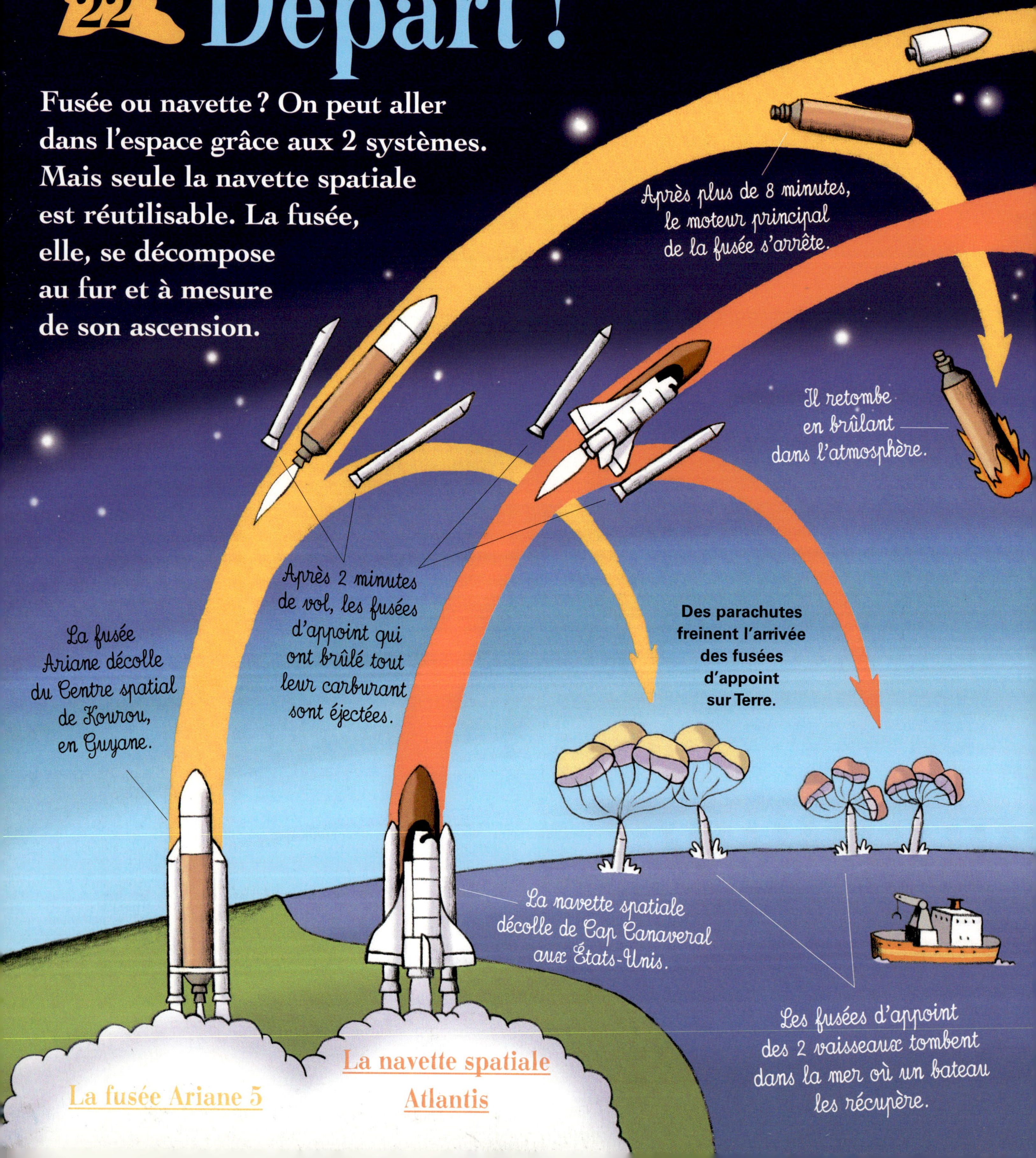

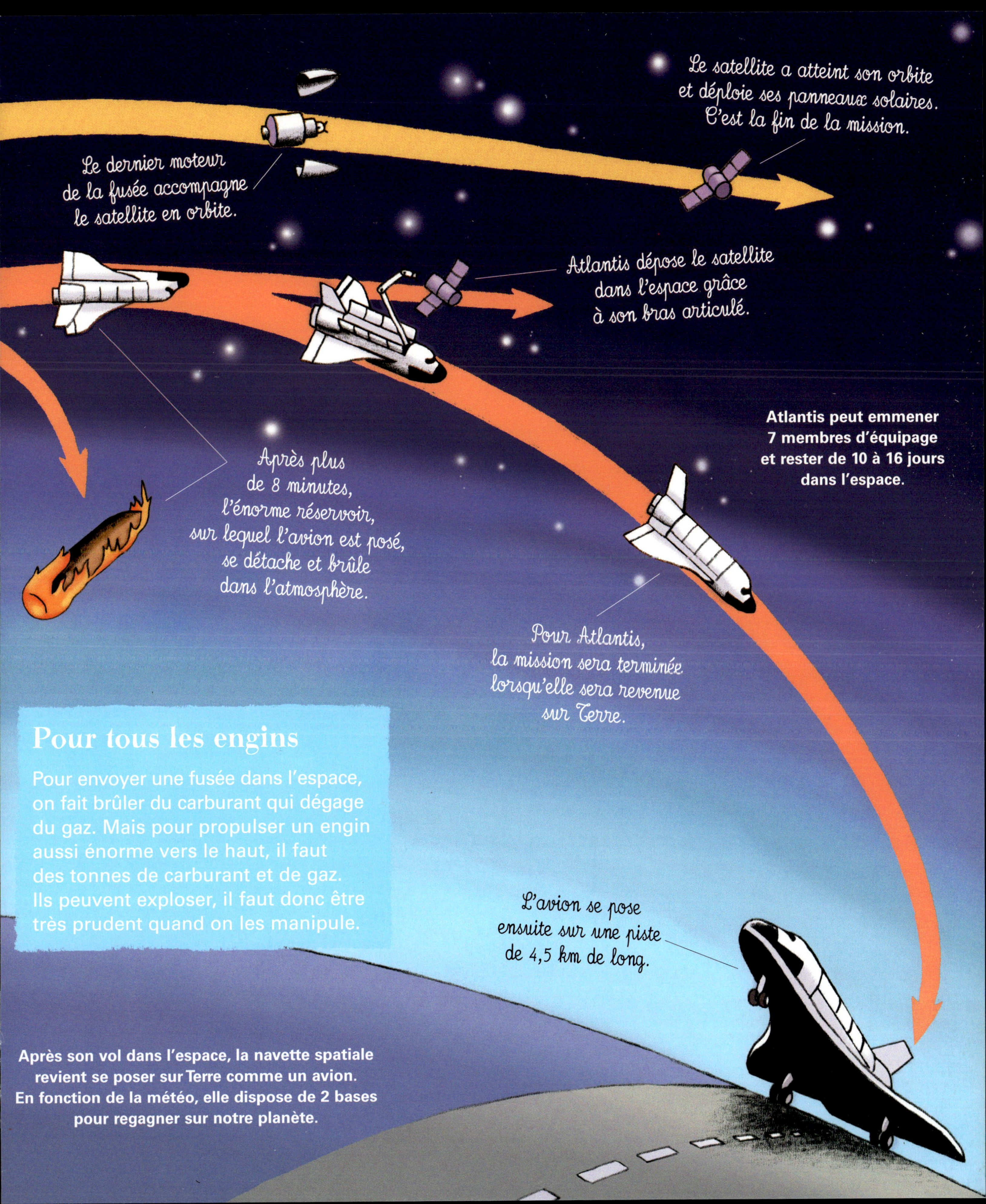

Atlantis peut emmener 7 membres d'équipage et rester de 10 à 16 jours dans l'espace.

Pour tous les engins

Pour envoyer une fusée dans l'espace, on fait brûler du carburant qui dégage du gaz. Mais pour propulser un engin aussi énorme vers le haut, il faut des tonnes de carburant et de gaz. Ils peuvent exploser, il faut donc être très prudent quand on les manipule.

Après son vol dans l'espace, la navette spatiale revient se poser sur Terre comme un avion. En fonction de la météo, elle dispose de 2 bases pour regagner sur notre planète.

Les missions spatiales

Pourquoi aller dans l'espace ? Pour satisfaire notre soif d'apprendre, comprendre le phénomène d'apesanteur et réaliser des expériences scientifiques. Mais aussi pour relever le défi de vivre ailleurs que sur Terre !

Un spationaute photographie la Terre et transmet ses clichés à la base par ordinateur.

L'apesanteur provoque des changements dans le corps des spationautes : au niveau des os et de la circulation du sang, par exemple.

Les scientifiques effectuent des études sur le corps humain, sur des petits animaux (insectes, lézards, souris...) et sur des plantes qui se retrouvent en apesanteur, sans la pression de l'atmosphère terrestre.

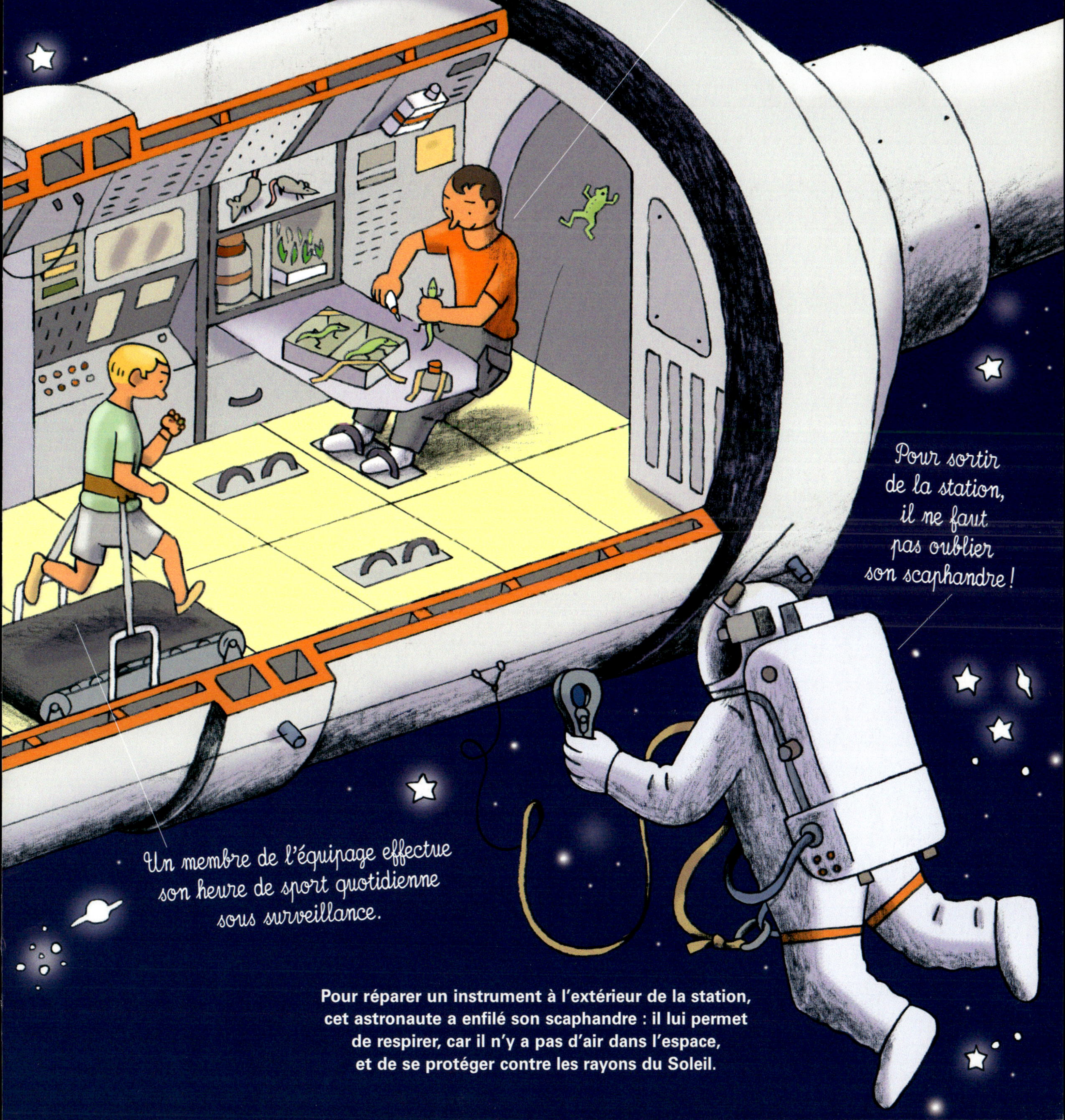

Ce scientifique fait des piqûres à des lézards, pour savoir comment leurs corps réagissent à certains médicaments en apesanteur.

Pour sortir de la station, il ne faut pas oublier son scaphandre !

Un membre de l'équipage effectue son heure de sport quotidienne sous surveillance.

Pour réparer un instrument à l'extérieur de la station, cet astronaute a enfilé son scaphandre : il lui permet de respirer, car il n'y a pas d'air dans l'espace, et de se protéger contre les rayons du Soleil.

Les satellites

Le premier s'appelait *Spoutnik*. Depuis, l'homme a lancé des milliers de satellites au-dessus de sa tête et loin dans l'espace pour mieux comprendre ce qui l'entoure. Mais aussi pour améliorer les communications, prévoir le temps et espionner.

Pour espionner, rien de mieux qu'un satellite ! Lorsque son œil part à ta recherche et qu'il te trouve, on peut suivre tous tes mouvements. Impossible alors de mentir !

Ses antennes toujours pointées dans la bonne direction, le satellite tourne inlassablement autour de notre planète.

Les panneaux solaires recueillent l'énergie du Soleil qui permet au satellite d'effectuer son travail et de rester en orbite.

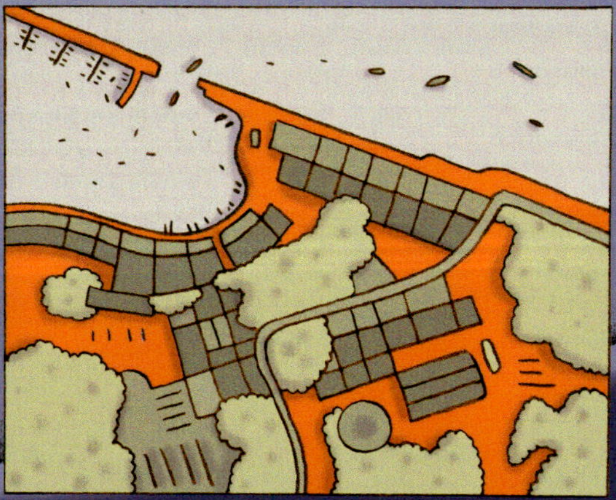

Les yeux de l'homme

Depuis qu'ils existent, les satellites permettent de prévoir l'arrivée des perturbations météorologiques comme les cyclones. Ils nous ont aussi permis de constater l'état de notre planète, très polluée et abîmée par l'action de l'homme.

Observer la Terre, faciliter les communications téléphoniques et la localisation des bateaux ou des avions, transmettre les images à la télévision ou sur Internet : ces drôles d'oiseaux munis d'antennes et d'yeux améliorent la vie quotidienne de l'homme.

Ses instruments de mesure permettent au satellite d'en voir plus et d'en savoir plus.

Sur un terrain de guerre, les yeux du satellite permettent à l'armée de savoir où se trouve son ennemi grâce à des photographies très précises. On arrive à distinguer si tu as un vélo avec ou sans roulettes !

Le relais au sol

L'antenne du relais au sol reçoit les informations envoyées par le satellite.

28 L'espace : une poubelle !

Tout n'est pas rose autour de notre planète bleue ! On trouve de tout là-haut : du débris de 1 mm au morceau de fusée de plus de 10 cm. Peu importe la taille, ils polluent l'espace, qui n'en a pas besoin.

Plus de 35 000 000 d'objets pas plus gros qu'une fourmi ou mesurant jusqu'à 10 cm tournent autour de la Terre.

Plus on lance de fusées et plus les débris se multiplient, sans disparaître. Ils tournent autour de la Terre et provoquent de dangereux dégâts sur les stations et vaisseaux spatiaux en orbite.

Faire le ménage

Comme l'homme va passer de plus en plus de temps dans l'espace, il est indispensable de trouver une solution pour arrêter de le polluer. Et ce, pour éviter des morts mais aussi pour préserver les satellites de plus en plus nombreux en orbite. Alors, prudence !

Dans l'espace, une simple écaille est dangereuse. Elle se déplace à plus de 7 kilomètres par seconde, aussi vite qu'une balle de revolver !

Près de 9 000 gros objets tournent aussi là-haut. La seule solution pour les spationautes est de manœuvrer pour les éviter.

La collision avec un débris peut avoir des conséquences minimes quand ils sont petits. Mais, à partir de 1 cm, ils peuvent trouer une paroi et tout casser quand ils sont plus gros.

Des boulons d'acier et des gros morceaux de fusées tournent à des vitesses folles.

Ce panneau solaire, provenant d'un satellite endommagé, tourne au milieu des autres débris.

la Terre

30 La station internationale

De nombreux pays sont réunis autour d'un même objectif depuis 1998 : construire la Station spatiale internationale. La fin de l'assemblage est prévue pour 2010.

La Station spatiale internationale, appelée « ISS » en anglais, comporte plus de 100 éléments. Ils sont amenés en orbite par les fusées russes et la navette spatiale américaine, puis assemblés par les astronautes dans l'espace.

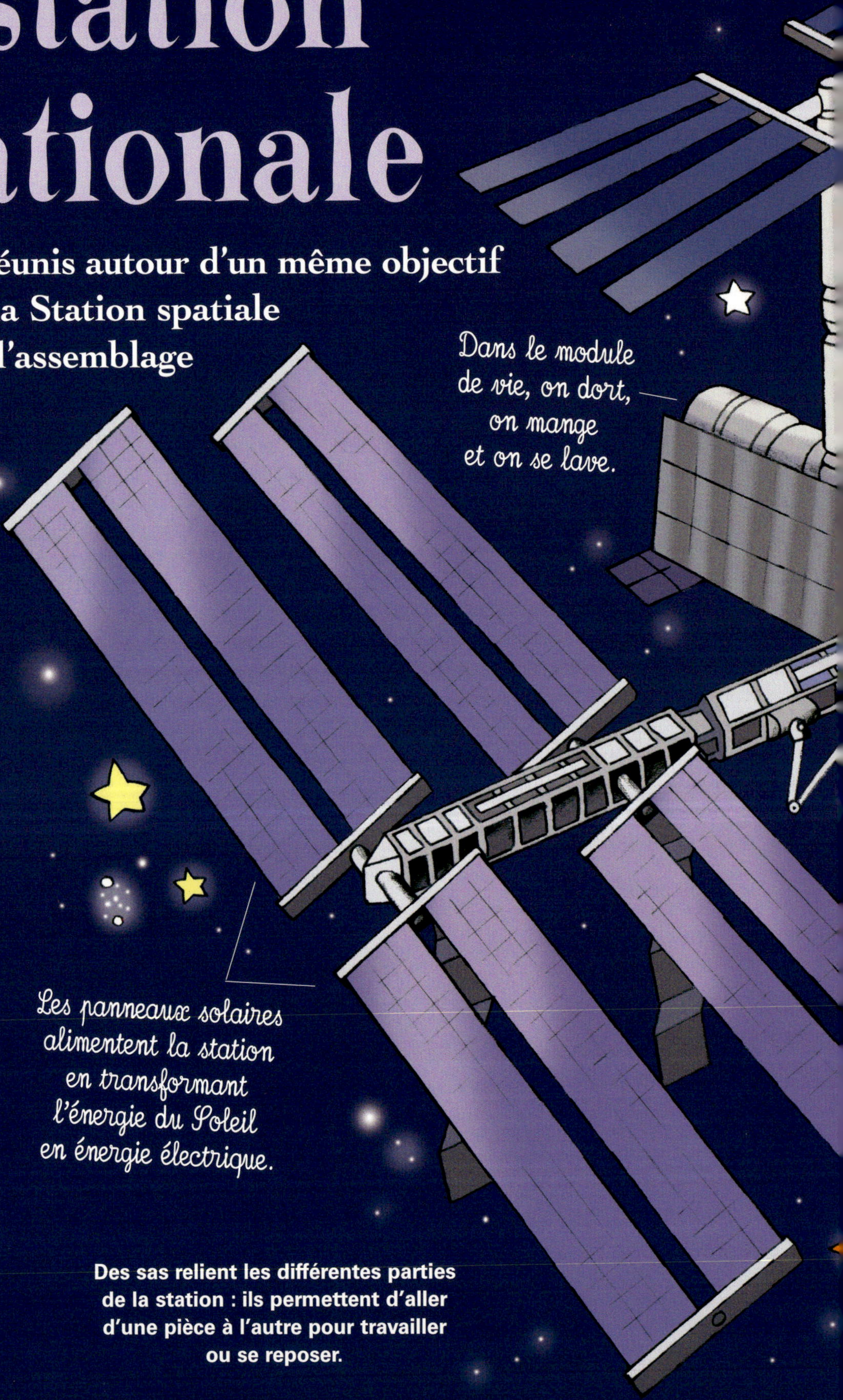

Énorme !

Lorsque tous les éléments seront assemblés, la station aura une envergure de 110 m, une longueur de 80 m et pèsera 500 t. Elle aura la taille d'un terrain de football ! Elle pourra accueillir un équipage permanent de 7 astronautes. C'est le plus haut chantier du monde : il est à 400 km d'altitude !

Des sas relient les différentes parties de la station : ils permettent d'aller d'une pièce à l'autre pour travailler ou se reposer.

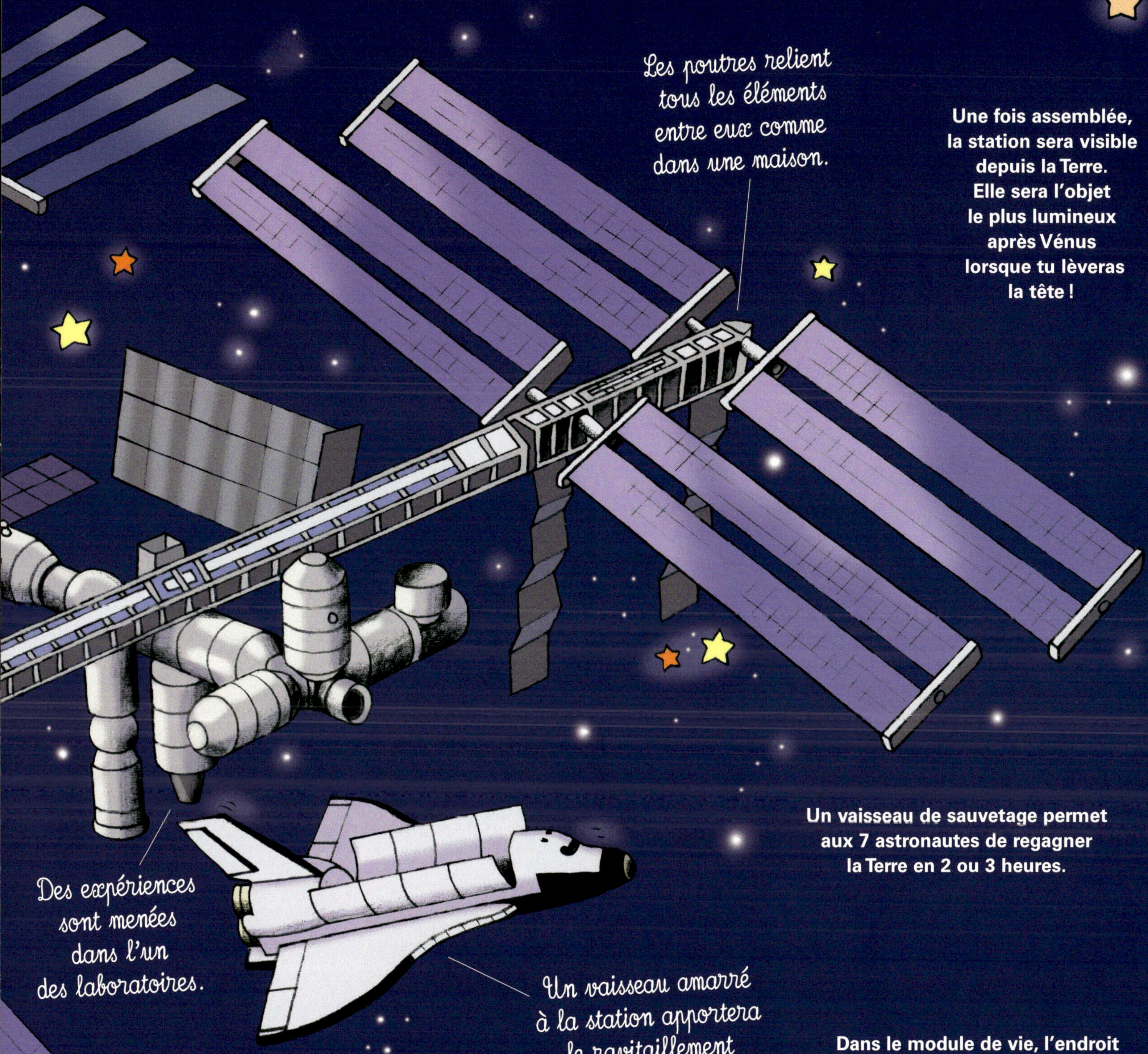

Une fois assemblée, la station sera visible depuis la Terre. Elle sera l'objet le plus lumineux après Vénus lorsque tu lèveras la tête !

Un vaisseau de sauvetage permet aux 7 astronautes de regagner la Terre en 2 ou 3 heures.

Dans le module de vie, l'endroit où l'on ne travaille pas, certains membres de l'équipage peuvent même faire de la gymnastique. Et pour se laver, ils utilisent des lingettes mouillées, pour éviter de faire voler de l'eau dans toute la station.

À bord de la station, des équipements sophistiqués permettront de mener des expériences infaisables sur Terre. La coopération internationale débouchera sur de précieuses avancées médicales et technologiques.

32 Les maisons de l'espace

Pour travailler dans l'espace, l'homme a besoin d'une habitation où vivre et dormir. Il a inventé les stations spatiales, des maisons dans lesquelles il peut évoluer en toute liberté.

De puissants ordinateurs aident les spationautes à prendre des mesures et à piloter le vaisseau.

Sur un vélo dans l'espace, mieux vaut être attaché !

Faire pipi dans l'espace

Des toilettes spéciales ont été inventées : il faut bloquer les pieds et les cuisses pour ne pas flotter au moment délicat. Les déchets sont aspirés, puis évacués plus tard par un vaisseau-poubelle qui brûle en entrant dans l'atmosphère.

Comme tout flotte dans l'espace, les aliments sont bien emballés pour éviter que la nourriture, ou un liquide, endommage les instruments du vaisseau.

On dort debout dans un sac de couchage. Ce sont des sangles qui maintiennent le corps contre le mur. Et la tête est calée par une bande Velcro.

Pour tenir debout, les astronautes glissent leurs pieds dans ces cerceaux.

Impossible de coller des posters de ta star favorite sur les murs de la station ! La place manque : on utilise le moindre centimètre pour attacher des outils.

À table ! Mais attention, tout s'envole en apesanteur ! Le plat et le plateau sont fixés par des bandes adhésives.

Pour le confort des spationautes, qui vont rester parfois plus d'un an à bord, il faut penser à tout ! La nourriture est séchée et on y ajoute de l'eau pour la manger.

34 Les vaisseaux du futur

Pour aller plus loin et plus vite, les vaisseaux d'aujourd'hui ne seront plus adaptés demain. Les chercheurs inventent de nouveaux moyens de transport plus rapides pour poursuivre l'exploration spatiale.

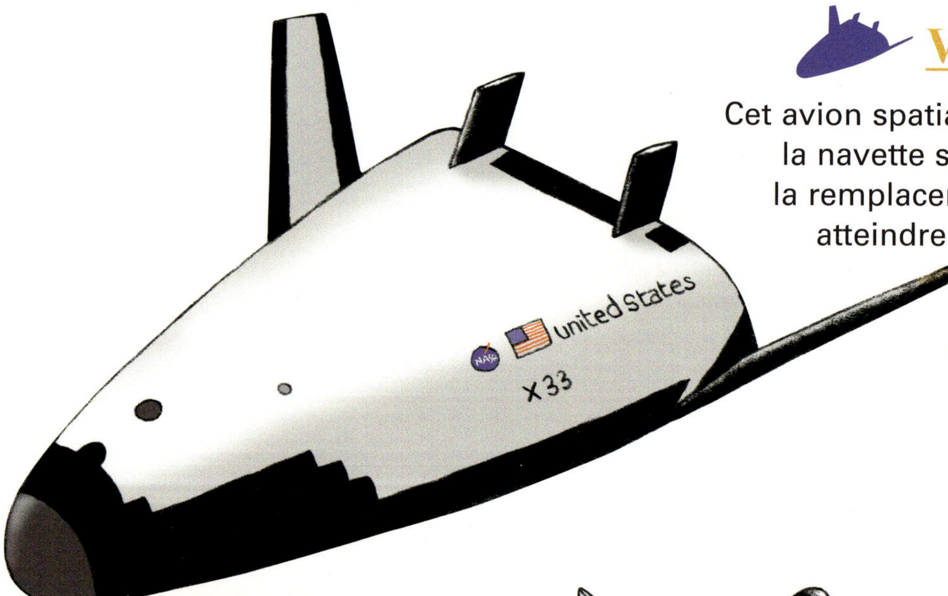

Venture Star (X-33)

Cet avion spatial décolle verticalement comme la navette spatiale. Il pourrait d'ailleurs la remplacer un jour. Sa vitesse pourrait atteindre 15 000 kilomètres heure.

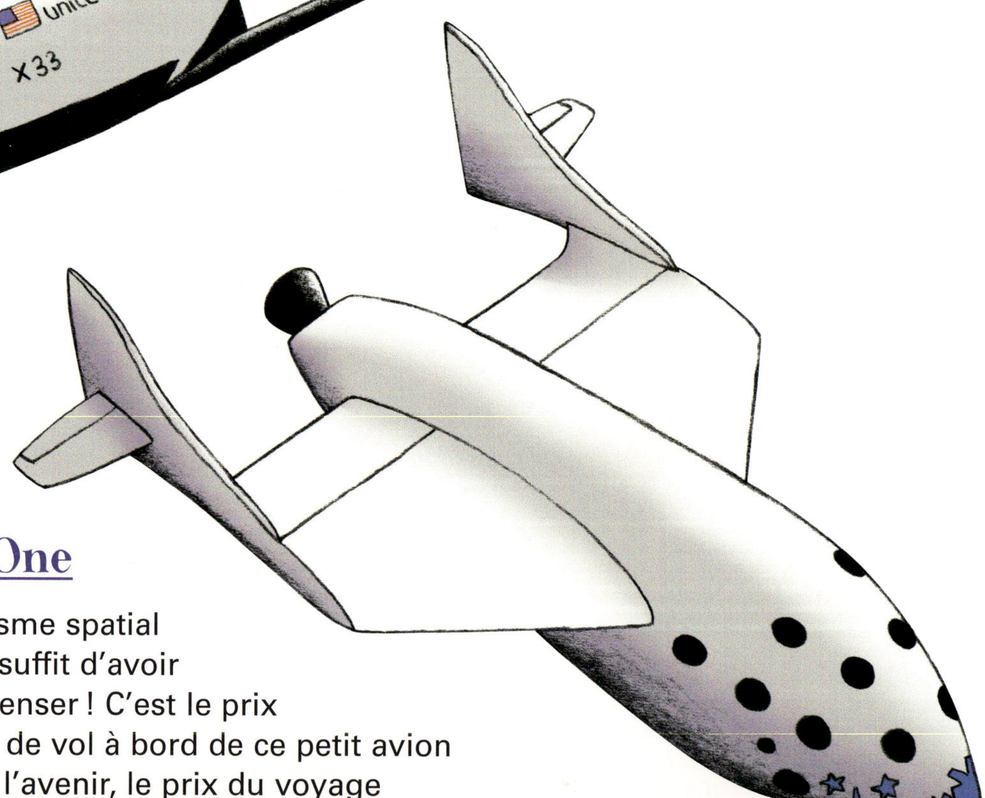

SpaceShipOne

Depuis juin 2004, le tourisme spatial est devenu une réalité. Il suffit d'avoir 20 millions d'euros à dépenser ! C'est le prix du billet pour 90 minutes de vol à bord de ce petit avion d'un type nouveau. Dans l'avenir, le prix du voyage devrait baisser... Avis aux amateurs !

Roton

Propulsé par un moteur-fusée, cet engin redescendrait sur Terre grâce à des pales d'hélicoptère qui lui permettraient de se poser en douceur.

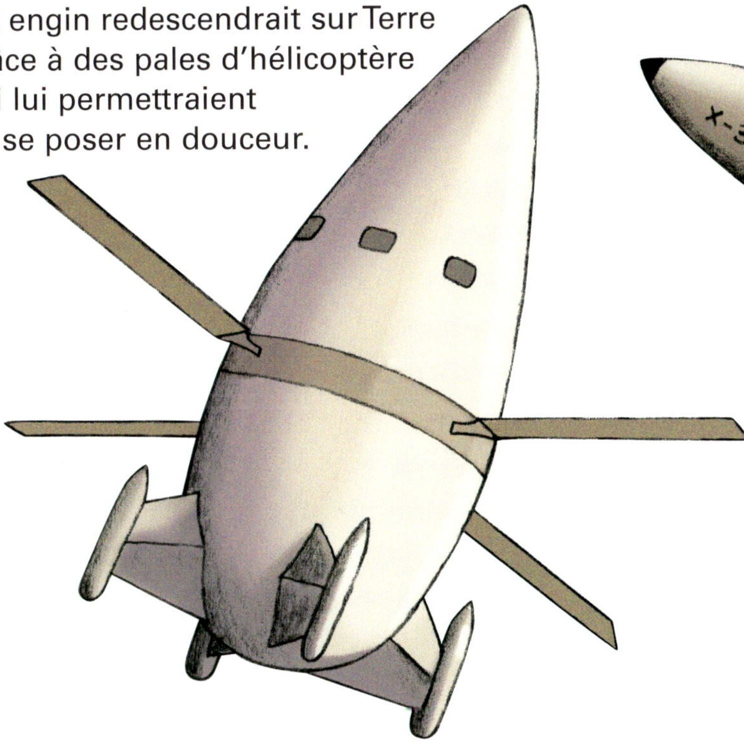

X-34

Légère et récupérable, cette fusée en forme d'avion est conçue pour être lancée à partir d'un autre avion comme SpaceShipOne.

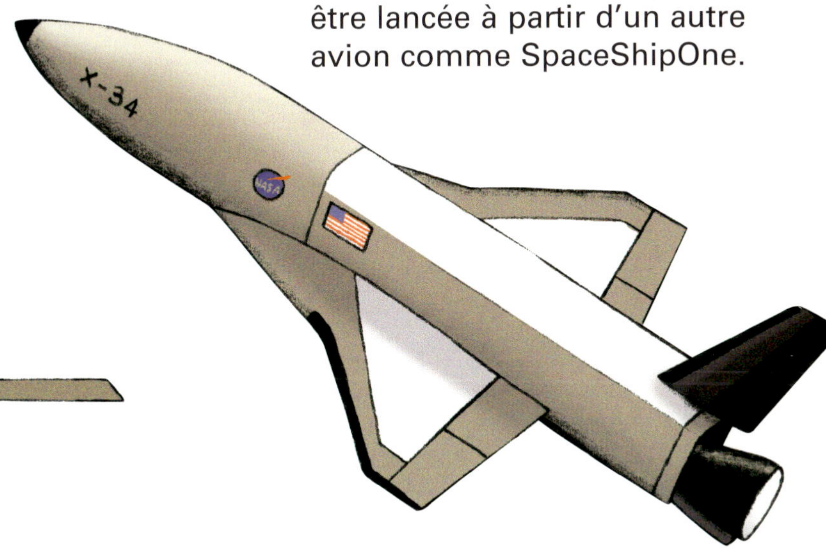

Hope

Son nom signifie « espoir » en anglais, mais c'est un engin japonais. Cette navette automatique sera chargée d'approvisionner l'ISS en vivres et de récupérer ce dont les astronautes n'ont plus besoin dans la station : une sorte de camion de déménagement !

Avion spatial hypersonique

À la vitesse de 20 000 kilomètres heure, ce vaisseau emportera une centaine de personnes à l'autre bout de la planète en moins d'une heure.

36 En route pour Mars !

Après la Lune, Mars est l'astre le plus proche de la Terre. Pourtant, elle se trouve à 490 millions de kilomètres de chez nous ! Et, pour l'atteindre, le voyage aller durera 6 mois. Prêt pour le grand bond ?

Aujourd'hui

Depuis la fin des années 90, les découvertes des sondes indiquent qu'il y a eu de l'eau sur Mars voilà 3 milliards d'années. Pour les scientifiques, cela signifie que la vie aurait pu exister sur ce sol aujourd'hui hostile.

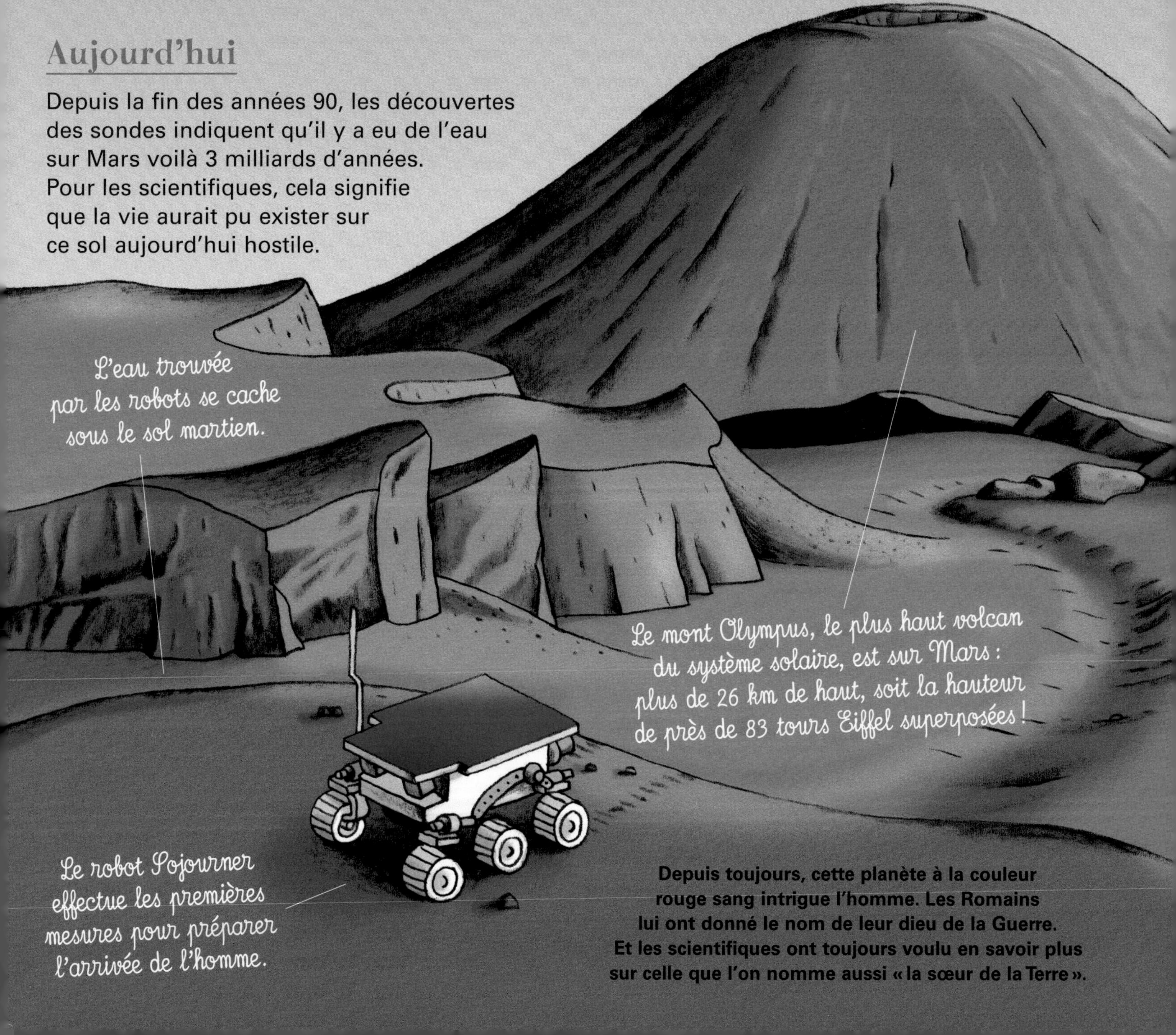

Depuis toujours, cette planète à la couleur rouge sang intrigue l'homme. Les Romains lui ont donné le nom de leur dieu de la Guerre. Et les scientifiques ont toujours voulu en savoir plus sur celle que l'on nomme aussi « la sœur de la Terre ».

La sœur de la Terre

La Terre et Mars ont
de nombreux points communs :
elles possèdent de l'eau,
des volcans... Et il y a 4 saisons
sur Mars, comme chez nous !
Mais on n'y a pas encore
trouvé la moindre vie...

Et demain...

Pour en avoir le cœur net, les robots prélèveront bientôt des échantillons de roches martiennes que les chercheurs pourront étudier sur Terre. Et puis un jour, il faudra bien envoyer un être humain pour voir ce qui s'y passe. Tu seras peut-être le spationaute qui enverra le message d'arrivée sur ce nouveau monde...